BEI GRIN MACHT SICH IHR WISSEN BEZAHLT

Sebastian Gräf

Ausführliche Unterrichtsvorbereitung: Der tropische Regenwald und seine Bedeutung als wichtiger Natur- und Lebensraum

Klasse 7

GRIN Verlag

Bibliografische Information der Deutschen Nationalbibliothek:

Die Deutsche Bibliothek verzeichnet diese Publikation in der Deutschen National-
bibliografie; detaillierte bibliografische Daten sind im Internet über http://dnb.d-
nb.de/ abrufbar.

Impressum:

Copyright © 2006 GRIN Verlag GmbH
Druck und Bindung: Books on Demand GmbH, Norderstedt Germany
ISBN: 978-3-640-26068-3

Dieses Buch bei GRIN:

http://www.grin.com/de/e-book/121891/ausfuehrliche-unterrichtsvorbereitung-der-
tropische-regenwald-und-seine

GRIN - Your knowledge has value

Der GRIN Verlag publiziert seit 1998 wissenschaftliche Arbeiten von Studenten, Hochschullehrern und anderen Akademikern als eBook und gedrucktes Buch. Die Verlagswebsite www.grin.com ist die ideale Plattform zur Veröffentlichung von Hausarbeiten, Abschlussarbeiten, wissenschaftlichen Aufsätzen, Dissertationen und Fachbüchern.

Besuchen Sie uns im Internet:

http://www.grin.com/

http://www.facebook.com/grincom

http://www.twitter.com/grin_com

Universität Karlsruhe (TH)

Institut für Angewandte Pädagogik und Berufspädagogik

Sommersemester 2006

Seminar: Theorie und Praxis der Unterrichtsvorbereitung

Unterrichtsvorbereitung Klasse 7

Thema der Stunde:

Der tropische Regenwald und seine Bedeutung als wichtiger Natur- und Lebensraum

Thema der Unterrichtseinheit:

Der Vergleich von Natur-, Lebens- und Wirtschaftsräumen in den unterschiedlichen Klimazonen unserer Erde

Name: Sebastian Gräf

Studienrichtung: Mathematik/Geographie Lehramt

Fachsemester: 4

Inhaltsverzeichnis

1. Rahmen

Schule:	Maria-von-Linden-Gymnasium
Klasse:	7a
Fach:	Geographie
Datum:	14.11.2007
Zeit:	8:30 – 9:15 Uhr

2. Thema und Ziel

Thema der Unterrichtseinheit

Der Vergleich von Natur-, Lebens- und Wirtschaftsräumen in den unterschiedlichen Klimazonen unserer Erde

Thema der Unterrichtsstunde

Der tropische Regenwald und seine Bedeutung als wichtiger Natur- und Lebensraum (Wirtschaftsraum und Landnutzungsproblematik vertiefend in der nächsten Stunde als Rollenspiel)

Ziel der Unterrichtsstunde

Die Schülerinnen und Schüler sollen die Verbreitung und die Besonderheiten des Regenwaldes wiedergeben können.

Sie sollen die Auswirkungen des Regenwaldes auf verschiedene Bereiche zusammenfassen können.

Sie sollen die Bedeutung des Regenwaldes bewerten können.

Differenzierung des Ziels

Die Schülerinnen und Schüler sollen die Gebiete der Erde benennen können, in denen tropischer Regenwald zu finden ist. Sie sollen diese Gebiete auf der Karte zeigen können. Sie sollen auch die wichtigsten klimatischen Gegebenheiten dieser Gebiete aufzählen können. Außerdem sollen sie eine Größenordnung der Artenvielfalt des tropischen Regenwaldes wiedergeben können.

Sie sollen die Auswirkungen der klimatischen Besonderheiten auf Pflanzen, Tiere und Menschen beschreiben können. Sie sollen die Anpassung an die Gegebenheiten der dort lebenden Menschen aufzeigen können. Dazu sollen sie globale Auswirkungen von Veränderungen in den Regenwaldgebieten analysieren und Beziehungen zu unserem Klima herstellen können.

Die Schülerinnen und Schüler sollen die gegenwärtige Bedrohung des Regenwaldes beurteilen können. Sie sollen die Bedeutung des Regenwaldes für unser Klima einschätzen können.

3. Situation in der Klasse

Die Klasse 7a des Maria-von-Linden-Gymnasiums besteht aus 27 Schülern, davon 16 Mädchen und 11 Jungen. Diese sind zwischen 12 und 14 Jahren alt und befinden sich auf einem normalen Entwicklungsstand. Die Klassengemeinschaft ist im Allgemeinen gut ausgeprägt, es gibt keine erkennbaren Außenseiter, daher wird keiner ausgegrenzt, der sich rege am Unterricht beteiligt. Außer dem Klassenclown Thomas beteiligen sich die Schülerinnen uns Schüler regelmäßig und häufig und liefern auch wertvolle Beiträge für den Unterricht. Es ist aufgrund des guten Niveaus der Klasse in puncto Aufmerksamkeit und Motivation zügiges Arbeiten möglich. (Der Durchschnitt der Erdkundenote betrug im letzten Schuljahr (Klasse 6a) 1,95.) Die Klasse war im letzten Schuljahr auf Schulausflug im Zoo und hatte sich dortmals schon vorbereitend mit einigen Tieren und Pflanzen des tropischen Regenwaldes auseinandergesetzt. Der Schwerpunkt lag allerdings da auf dem Themenbereich der Biologie. Mit dem tropischen Regenwald direkt hatten die Schülerinnen und Schüler in der Schule sonst noch keinen Kontakt, dafür wissen sie seit den letzten beiden Klassenstufen über Besonderheiten von Natur-, Lebens- und Wirtschaftsräumen in Deutschland und Europa Bescheid. Die Schülerinnen und Schüler sind in der Lage, Zusammenhänge zwischen den drei Bereichen herzustellen und diese auf andere Gebiete anwenden zu können. Zudem haben die Kinder bereits grundlegende Erfahrungen mit Klimadiagrammen und kennen einige grundlegende Begriffe zum Thema Klima. Der tropische Regenwald übt seit jeher auf die Schülerinnen und Schüler dieser Klassenstufe eine gewisse Faszination aus, viele haben sich schon außerhalb der Schule mit dem Themenbereich beschäftigt (Bücher gelesen, mit der Familie darüber gesprochen, Dokumentationen im Fernsehen gesehen, etc.). Voraussetzen kann man ein gewisses Vorwissen aber nicht, jedoch lässt es sich unter Umständen durch gezieltes Einbringen von Schülerwissen in die Unterrichtseinheit gut nutzen.

Die Klasse gilt als ‚einfach', das Lehrer-Schüler-Verhältnis ist sehr gesund und von gegenseitigem Respekt geprägt. Die Klasse zeigt sich sehr aufgeschlossen gegenüber verschiedenen –auch neuen– Arbeitsmethoden und ist auch an eine Vielzahl dieser gewöhnt.

4. Sachanalyse

Tropische Regenwälder gibt es auf etwa 1.000.000 Hektar Fläche auf mehreren Kontinenten verteilt. Den weitaus größten Teil nimmt dabei Südamerika ein, gefolgt von Westafrika und den östlichen Inseln (Malaiisches Florengebiet, Australien, Pazifikinseln). Einen ebenfalls noch recht großen Teil nehmen das asiatische Festland und Mittelamerika ein, eher wenig tropischer Regenwald befindet sich in Westafrika. Die Regenwaldfläche Südamerikas ist dabei fast genauso groß wie die der restlichen Gebiete zusammen, Brasilien ist das Land mit dem größten Anteil daran.

Der tropische Regenwald beschränkt sich auf den Bereich zwischen dem nördlichen und südlichen Wendekreis, was jeweils 23,5 nördlicher beziehungsweise südlicher Breite entspricht. Das Klima hier ist sehr warm und auch sehr feucht, genau genommen humid, was bedeutet, dass jeden Monat im Jahr der Niederschlag gegenüber der Verdunstung überwiegt. Die betroffenen Gebiete heißen auch immerfeucht. Das Klima im tropischen Regenwald wird als Tageszeitenklima bezeichnet. Im Gegensatz zum Jahreszeitenklima, das bei uns vorherrscht und vom Äquator in Richtung der Pole immer stärker ausgeprägt erscheint, sind beim Tageszeitenklima die Tagesschwankungen der Temperatur größer als die Schwankungen im Jahresverlauf.

Die Vegetation im Regenwald ist sehr charakteristisch. Der Stockwerkaufbau ist einzigartig und ermöglicht ein ungeheures Artenvorkommen, da in jedem Stockwerk andere Licht-, Temperatur- und Feuchtigkeitsverhältnisse vorherrschen. Die größten Bäume können eine Höhe von 60 Metern erreichen und sind eher rar. Mittelgroße Bäume und Pflanzen wachsen wegen weniger Sonnenlicht nicht ganz so schnell und spenden Schatten für die Kraut- und Moosschicht, die im kühlen, feuchten und dunklen Bereich in Bodennähe zu finden ist. Typisch für den Regenwald sind auch seine vielen Kletterpflanzen. Verschiedene Tier- und Pflanzenarten haben im Regenwald je nach Stockwerk völlig unterschiedliche Gegebenheiten, an die es sich anzupassen gilt. Die Tiere des Regenwaldes, von denen Elefant, Jaguar und Menschenaffe stellvertretend (da wohl am bekanntesten) zu nennen sind, können wesentlich unterschieden werden in tag-, nacht- oder tag- und nachtaktiv und nach

Lebensraum am Boden, in den Bäumen oder am Boden und in den Bäumen. Der Elefant ist tagsüber und nachts aktiv am Boden, der Jaguar nachts am Boden und der Menschenaffe tagsüber in den Bäumen. Insgesamt ist die Artenvielfalt des tropischen Regenwaldes immens. Die verschiedenen Baumarten werden beispielsweise hier auf sage und schreibe 50.000 geschätzt und auch alle anderen Tierarten übertreffen europäische Verhältnisse um ein Vielfaches.

Die meisten Menschen im Regenwald leben unter ärmlichen Verhältnissen. Der Wanderfeldbau ist für viele Menschen die einzige Möglichkeit sich zu ernähren. Da die meisten Länder mit Regenwaldgebieten sehr arm und die Stadtflächen dicht bevölkert sind, gibt es wenig Arbeit, was die Menschen dazu bringt sich Ackerflächen auf Kosten des Regenwaldes zu schaffen. Zudem nehmen große Soja-, Rinder- und Holzplantagen weite Regenwaldgebiete in Anspruch und erweitern sich ständig. Die jeweiligen (zumeist armen) Landesregierungen sind zudem auf Einnahmen der Plantagenbetreiber angewiesen und müssen Lebensgrundlagen der Bevölkerung gewährleisten. Eine ganz andere Form des menschlichen Lebens im tropischen Regenwald sind die Lebensweisen von Naturvölkern, die in Einklang mit der Natur als Jäger und Sammler leben. Deren Existenz wird allerdings durch die zunehmende Waldzerstörung gefährdet.

Der Regenwald hat große Auswirkungen auf das globale Klima. Zum einen absorbiert er Sonneneinstrahlung und verhindert so ein direktes Erwärmen, zum Zweiten wirkt sich die Waldformation neutralisierend auf die Windentwicklung aus, außerdem wird durch das Wurzelwerk und die Blätter der Bäume Wasser gespeichert und durch das Wasser in Pflanzen wird ein ständiger Niederschlag gewährleistet. Diese Auswirkungen sind eher lokal und regional, global ist die Klimaerwärmung durch Treibhausgase, besonders CO_2, wenn der Regenwald zurückgeht. Durch Reflektion in der Atmosphäre wird das Klima auf der gesamten Erde wärmer. CO_2 wird bei der Verbrennung von Regenwald freigesetzt und durch die fehlenden Bäume über die Photosynthese nicht mehr abgebaut. Zu beachten ist allerdings noch, dass der Regenwald sicherlich nicht der einzige Faktor für Klimaveränderungen ist.

Bedroht wird der Regenwald also besonders vom Menschen, Großgrundbesitzer und Firmen, die von der Nutzung der Ressourcen des Waldes an Holz, Fläche und Klima profitieren, auf der einen Seite, auf der anderen Seite die arme Landbevölkerung, die die (eher unfruchtbaren) Flächen benötigt.

Schützen sollte man den Regenwald also besonders wegen seiner unvorstellbaren Artenvielfalt und seiner neutralisierenden Wirkung auf das globale und damit auch auf unser Klima.

Schützen kann man den Regenwald durch das Einrichten von Naturreservaten, die nicht abgeholzt werden dürfen, durch eine effektivere Waldnutzung (die mehrere Belange berücksichtigt und kombiniert oder durch Überzeugungsarbeit in den jeweiligen Landesregierungen und Bevölkerungen.

5. Didaktische Überlegungen

Exemplarität:

Exemplarisch kann die Problematik genutzt werden, um den Mensch als entscheidenden und in hohem Maße beeinflussenden Faktor in einem System zu erkennen. Die Andersartigkeit der außereuropäischen Gebiete der Welt kann exemplarisch erfasst werden. Zudem wird ein generelles Umweltbewusstsein entwickelt und gestärkt. Als wichtige Erkenntnis geht auch aus der Problematik hervor, dass Veränderung in –auf die gesamte Welt bezogen– relativ kleinem Maßstab weitreichende Konsequenzen haben können.

Gegenwartsbedeutung:

Beinahe jedes Kind in dem der Klassenstufe entsprechendem Alter war bereits im Zoo oder botanischen Garten und kennt Tiere und Pflanzen des Regenwaldes und möchte vielleicht wissen wo diese herkommen oder wie diese in ihrer ursprünglichen Umgebung leben. Unter Umständen ist es den Kindern nicht entgangen, dass unser Klima sich ständig verändert, also dass es wärmer wird und Klimaextrema zunehmen. Dies werden die meisten nicht unbedingt mit dem Regenwald in Verbindung bringen können, allerdings sollte es zumindest in geringem Maße nach der Unterrichtsstunde möglich sein. Papier ist oft aus Holz von Bäumen des Regenwalds hergestellt worden, darauf wird auf manchen anderweitig hergestellten Umschlägen, Heften und Blöcken extra hingewiesen, das könnte einige Kinder zum Nachdenken anregen. Aus Dokumentar- oder Spielfilmen, Büchern, Comics (wie zum Beispiel Tarzan) oder Gesprächen mit Eltern sind den Schülerinnen und Schülern häufig einige Dinge über den tropischen Regenwald bekannt. Das Exotische daran weckt oft Interesse mehr darüber erfahren zu wollen. Der Regenwald wird oft auch mit „Abenteuer" in Verbindung gebracht.

Zukunftsbedeutung:

Besonders die Frage inwieweit der Regenwald erhalten bleibt hat eine Bedeutung für die Zukunft der Kinder. Der Klimawandel ist ein Thema, das alle betrifft, ob globale Erwärmung oder das Zunehmen von Wetterextrema und das damit verbundene vermehrte Auftreten von Orkanen etc., haben Auswirkungen auf die heimische Flora und Fauna und die Stabilität unseres Ökosystems. Das Aussterben von einzelnen Tierarten lässt viele Menschen nicht kalt, ganze Tierfamilien und –gattungen verschwinden aus der globalen Artenvielfalt und dies nicht nur in den Tropen sondern überall auf der Welt, wenn sich nichts grundlegend ändert am Umgang mit den natürlichen Ressourcen im tropischen Regenwald. Die Erhaltung oder nicht-Erhaltung der Regenwaldgebiete hat ebenfalls Auswirkungen auf das Gesamtbild eines Landes, viele Schüler haben vielleicht einmal vor die Regewaldgebiete zu besuchen (zum Beispiel nach dem Abitur) und sind somit auch betroffen davon, wie mit den Gebieten umgegangen wird. In zunehmendem Alter bildet sich bei vielen Schülerinnen und Schülern auch eine politische Meinung heraus. Der Schutz und Erhalt des tropischen Regenwaldes und ein ausreichendes Grundwissen können je nach politischer Einstellung eine mehr oder weniger große Rolle spielen. Letztendlich bewegt die Beschäftigung mit der Thematik viele Schüler auch erst dazu sich Gedanken zu machen und Dinge zu hinterfragen, was Auswirkungen auf die weitere Lebensweise der Schülerinnen und Schüler haben kann.

Struktur:

Der Struktur des Unterrichts soll einem sachlogischen Aufbau folgen. Nach dem Klären von grundlegenden Fragen soll immer tiefer in das Thema eingestiegen werden, vorangehende Fragestellungen sollen dabei immer wieder aufgegriffen und eingegliedert werden. Die Fragen, denen der Aufbau sachlogisch folgen soll sind:

1) Was ist Regenwald?

2) Wo ist Regenwald zu finden?

3) Warum da?

4) Was ist besonders am Regenwald?

5) Was bedeutet das für Tiere und Pflanzen dort?

6) Was bedeutet das für Menschen dort?

7) Von was leben die Menschen dort?

8) Was hat das für Auswirkungen auf den Regenwald?

9) Was hat das für Auswirkungen auf das globale Klima?

10) Wie kann man die Probleme in Griff bekommen?

In folgender Grafik (eigene Abbildung) sollen die Zusammenhänge der Fragen dargestellt werden:

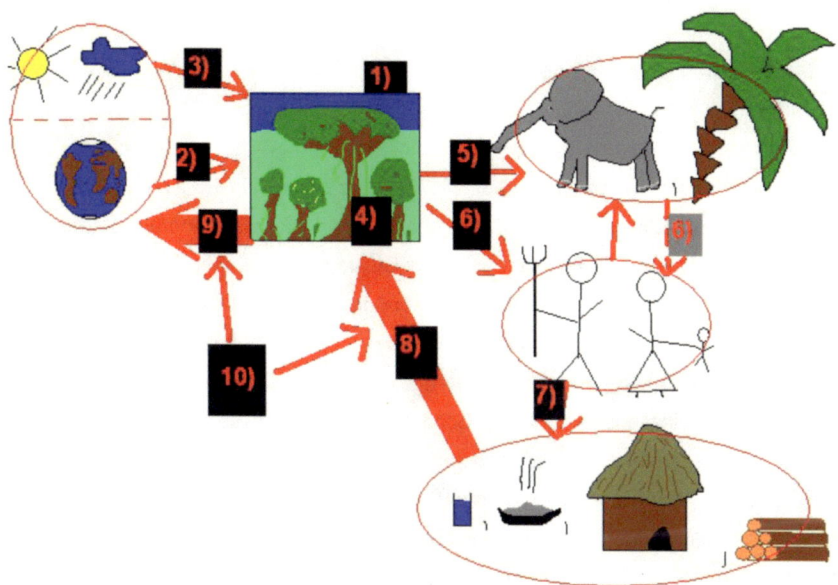

Grundlagen müssen geklärt werden. Erst dann kann auf die Folgen im Detail eingegangen werden. Danach wird wieder der Bezug auf das ganze System dargestellt und zum Schluss die Metabetrachtung, die von den konkreten Gegebenheiten hin zu abstrakteren Überlegungen dazu geht.

Adäquate Fälle (Zugänglichkeit und Ergiebigkeit):
Direkter Zugang zum Thema ist schwierig, aber es kann gut indirekt zum Beispiel anhand von Filmdokumentationen greifbar gemacht werden. Material gibt es dazu sicherlich genug, je nach dem gewünschten Schwerpunkt kann nahezu beliebig selektiert werden. Auch Zeitungs- oder Zeitschriftenartikel (wie zum Beispiel in „GEO" o.Ä.) sind denkbar, um sich die wesentliche Problematik des Themas zu erarbeiten, dazu liefert eine Internetrecherche ebenfalls eine nahezu unbegrenzte Fülle von Informationen, wobei hier immer das Problem besteht, zwischen brauchbaren und unbrauchbaren Informationen unterscheiden zu müssen. Möglich sind auch

Rollenspiele oder Lerntheken zum Thema. Lerntheken sind dabei wohl eher dazu geeignet Grundlagen zu schaffen und weniger, um komplizierte Zusammenhänge zu erschließen, Rollenspiele machen eher Sinn, wenn schon eine etwas weitreichendere Beschäftigung mit dem Thema stattfand (wie unter ‚Unterrichtsthema' schon angemerkt).

6. Methodische Überlegungen
Einstieg:
Am Anfang der Unterrichtsstunde muss ein Einstieg ins Thema stehen. Hier wird jedem Schüler ein Klimadiagramm einer Station im tropischen Regenwald (Iquitos in Brasilien) ausgeteilt. Der Name der Station und der Breitengrad sind dabei unkenntlich gemacht. Die Schüler sollen das Diagramm betrachten und zuerst alleine und dann zu zweit überlegen, welche Besonderheiten daraus zu lesen sind (hohe Temperatur, geringe Temperaturamplitude, hoher Niederschlag, humid). Anschließend wird in der Klasse diskutiert, wo die Station in etwa zu finden wäre. Auf diese Art des Einstiegs werden die Schüler dazu animiert selbst tätig zu werden, Kommunikation wird gestärkt, Vorwissen (Klimadiagramme) wird wiederholt und die Schüler sind in der Lage außerschulisch erlerntes Wissen einzubringen. Sollten die Schüler zu keinen Ergebnissen kommen, kann der Lehrer sie durch kleine Hilfen zum richtigen Ergebnis bringen. Zeitlich sind etwa 5 Minuten für den Einstieg gedacht, im Anschluss wird das Thema der Stunde genannt und an der Tafel festgehalten.

Erarbeitung I:
Als nächstes soll ein Ausschnitt des Filmes „der tropische Regenwald" gezeigt werden, der ziemlich genau 8 Minuten dauert und grundlegende Informationen darüber liefert, was einen tropischen Regenwald ausmacht, wo tropische Regenwälder vorkommen und warum sie gerade dort zu finden sind. Filme werden von Schülern zumeist positiv aufgenommen, jedoch wird es häufig unruhig, wenn ein Film gezeigt wird. Deswegen (und auch um Zeit zu sparen) sollen die Schüler sich zu eben genannten Punkten Notizen machen. Es ist in jedem Fall sehr sinnvoll, zu diesem Thema einen kurzen Dokumentarfilm zu zeigen, da die Gegebenheiten der Tropen für die meisten europäischen Kinder wohl sehr schwer vorstellbar sind, da sie doch stark von denen hier abweichen. Nach dem Film werden die Notizen der Schüler noch so angeglichen, dass jeder die wesentlichen Punkte aufgeschrieben hat, um einen vollständigen Aufschrieb zu gewährleisten. Das sollte relativ schnell

9

gehen, da der Film nicht zu anspruchsvoll ist. Insgesamt sollte die erste Erarbeitungsphase nach etwa 15 Minuten abgeschlossen sein.

Erarbeitung II:

Zunächst wird die Klasse für die nächste Phase in 5 Gruppen aufgeteilt, denen dann jeweils etwa 5 Schüler angehören (das ergibt sich aus der Klassenstärke). Eigentlich wären etwas kleinere Gruppen optimaler, aber dann wären Gruppenaufgaben doppelt belegt (dass könnte unter Umständen noch abgewogen werden). Gruppenarbeit nach einem Film „weckt die Schüler wieder auf", bringt also Motivation und Engagement zurück. Die Gruppen werden nach dem Sitzplatz aufgeteilt, da die Gruppenarbeit nur kurz ist, muss nicht zwischen besseren und schwächeren Schülern unterschieden werden. Die Gruppen erhalten Informationsblätter von relativ geringem Umfang, die sich mit der Anpassung von Pflanzen, Tieren und Menschen im Regenwald beschäftigen. Die einzelnen Gruppen sind: 1. Anpassungen von Tieren, 2. Anpassungen von Pflanzen, 3. Anpassungen von Menschen I (Naturvölker), 4. Anpassungen von Menschen II (Kleinbauern), 5. Anpassungen von Menschen III (Plantagen). Dadurch, dass jede Gruppe nur einfach besetzt wird, werden die Schüler zu „Experten" gemacht, was sie ihre Aufgabe noch gründlicher erledigen lässt. Die Bearbeitungszeit soll nur kurz sein, als Ergebnis präsentieren die Schüler die 4-6 wichtigsten Stichpunkte sehr knapp als Tafelanschrieb. Dies hat neben geringer benötigter Zeit noch als positiven Nebeneffekt, dass die Schüler lernen, knapp zusammenzufassen und zu gewichten. Der Lehrer hat dabei den Tafelaufschrieb soweit vorbereitet, dass die Schüler nur noch ihre Stichworte eintragen müssen, der Rest der Klasse notiert die Punkte mit. So kann jede Gruppe ihren Teil zum Mitschrieb liefern, wobei der Lehrer darauf achten muss, dass keine wesentliche Punkte fehlen. Angedacht sind für diese Phase etwa 10 Minuten.

Problemdarstellung:

Für diesen Teil des Unterrichts ist Frontalunterricht als Methode vorgesehen, da auf diese Weise der vorgesehene Stoff am besten vermittelbar ist. Hier soll auf die Entwicklung der Regenwaldbestände und die Klimaentwicklung in den immerfeuchten Tropen sowie bei uns anhand von Schaubildern und Diagrammen auf Folien eingegangen werden. Zuerst soll jeweils der grobe Verlauf dargestellt werden, dann wird an wenigen Zeitabschnitten durch parallele Betrachtung der Schaubilder ein Zusammenhang skizziert. Dieser wird dadurch leichter ersichtlich für die Schüler. Eine prägnante Zusammenfassung auf der letzten Folie soll noch kurz von den

Schülern abgeschrieben werden, dann endet auch diese Phase nach etwa 10 Minuten.

Problemlösung:

Am Ende der Stunde machen sich die Schüler Gedanken darüber, was man tun könnte, um den Regenwald –beziehungsweise das, was davon noch übrig ist– weitgehend zu erhalten. Hier wird die Kreativität der Schüler gefordert, gute Ideen sind gefragt, aber auch etwas Spaß zum Ende der Stunde ist erlaubt. Sollten die Schüler (unwahrscheinlicherweise) nur wenige oder keine konstruktiven Ansätze bringen, wäre es sinnvoll vom Lehrer, wenigstens 2 oder 3 zu nennen, ansonsten besteht nicht viel Grund einzugreifen. Die Phase eignet sich zudem sehr gut, um übrige Zeit nicht verfallen zu lassen, auf der anderen Seite kann man die Ideensammlung auch recht kurz ausfallen lassen, wenn nicht genügend Zeit für mehr bleibt. Nach obiger Zeiteinschätzung bleiben etwa 5 Minuten für diesen Unterrichtsteil, dies kann aber, wie bereits erwähnt, spontan angepasst werden.

Verlaufsübersicht:

Phase	Schüleraktivität	Lehreraktivität	Kommentar
Einstieg	betrachten, erinnern sich, raten, diskutieren	teilt aus (,hilft)	Anknüpfen an Vorwissen
Erarbeitung I	schauen an, hören zu, machen Notizen, tragen zusammen, schreiben ab	schaltet an, notiert an Tafel, ergänzt	Fernseher mit DVD oder Video
Erarbeitung II	lesen, gewichten, fassen zusammen, stellen vor, schreiben an die Tafel, schreiben ab	teilt in Gruppen ein, teilt aus, kontrolliert	Arbeitsgruppen zu etwa 5 Schülern
Problemdarstellung	hören zu, betrachten, schreiben auf	legt Folien auf, stellt dar, stellt Zusammenhang her, betont	Folien, Zusammenfassend an Tafel
Problemlösung	überlegen, bringen Ideen oder Wissen ein	wartet ab, ergänzt	

7. Literatur

TERBORGH, John (1993): Lebensraum Regenwald – Zentrum biologischer Vielfalt;

WHITMORE, Thomas C. (1990): Tropische Regenwälder; Spektrum Akademischer Verlag; Heidelberg, Berlin, Oxford

Abbildung und Tabelle: eigene Abbildung und eigene Tabelle